吴殿更　著

CMS 湖南教育出版社
·长沙·

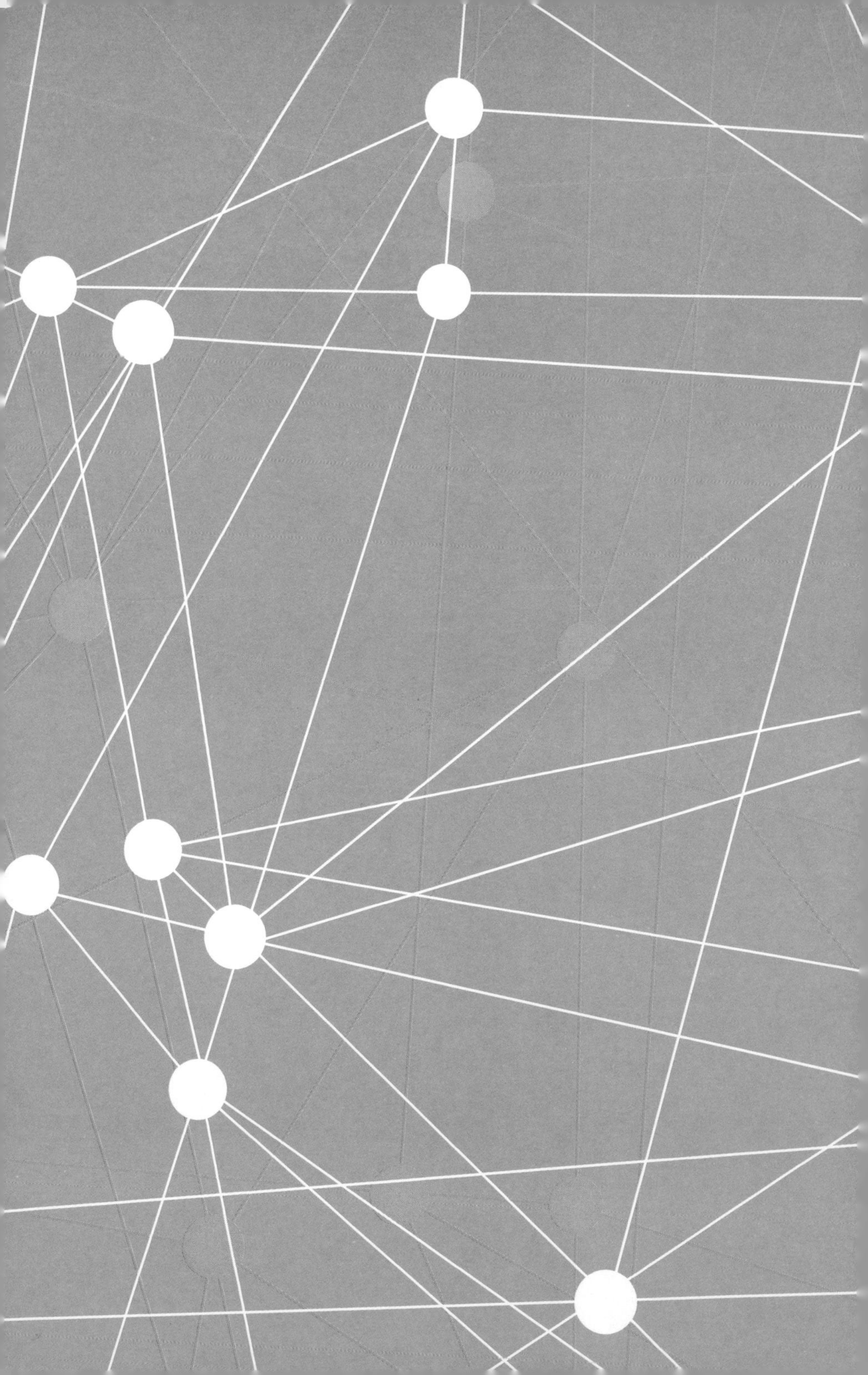

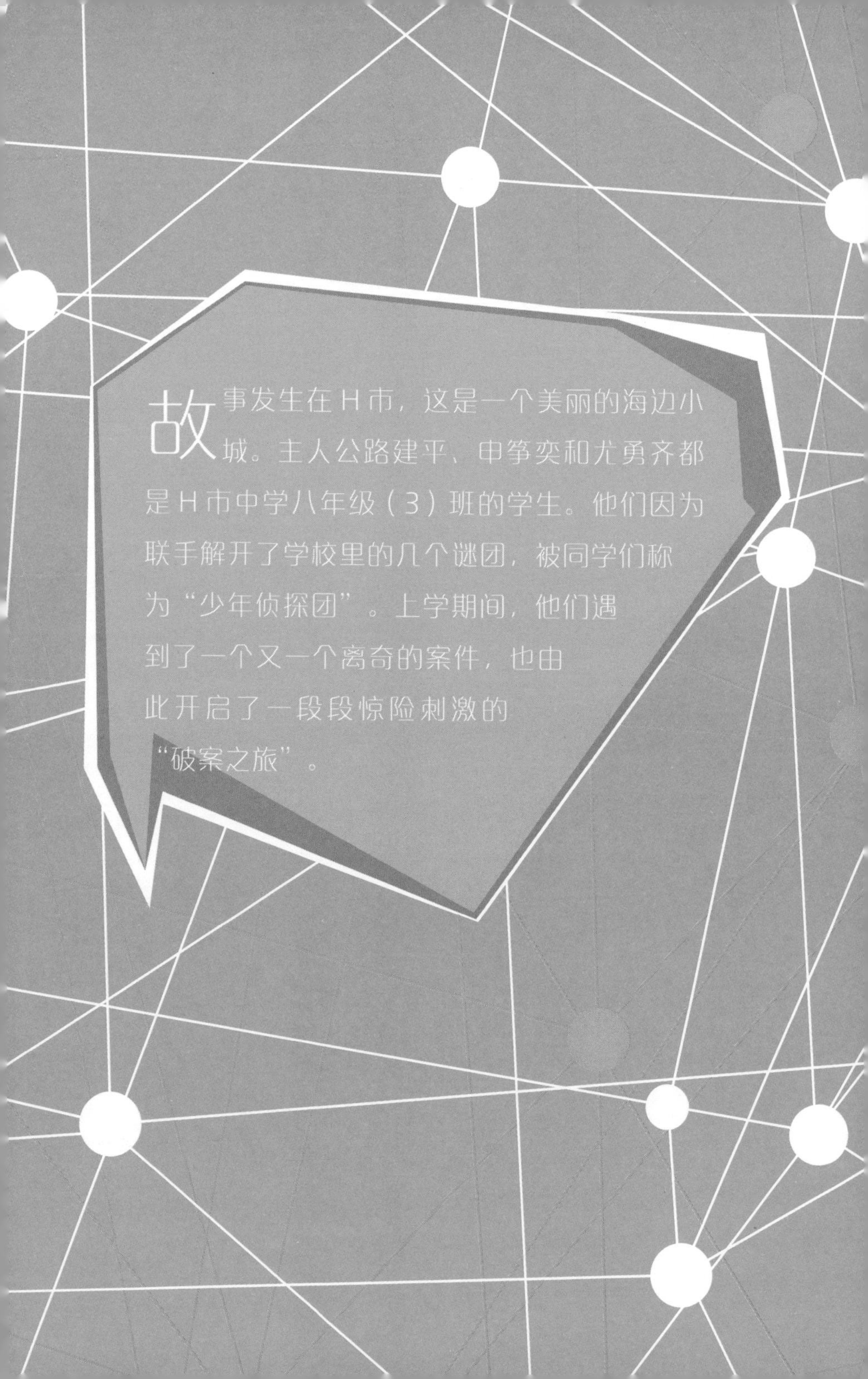
故事发生在H市，这是一个美丽的海边小城。主人公路建平、申筝奕和尤勇齐都是H市中学八年级（3）班的学生。他们因为联手解开了学校里的几个谜团，被同学们称为“少年侦探团”。上学期间，他们遇到了一个又一个离奇的案件，也由此开启了一段段惊险刺激的“破案之旅”。

人物档案

路建平

少年侦探团成员。受父亲的影响喜欢研究化学，擅长透过表面现象分析事物本质。

申筝奕

少年侦探团成员。希望长大后当警察。古灵精怪的小脑袋里总有一些奇思妙想。

尤勇齐

少年侦探团成员。别看他头脑好像不灵光，却经常可以在关键时刻误打误撞得到一些意外收获。

目 录
CONTENTS

化学侦探王
别墅迷案

生日派对 1

这是一个晴朗的早晨，路建平跟着爸爸路门捷在小区附近的湿地公园跑步。

湿地公园里处处草长莺飞，鸟语花香，一派生机盎然的景象。他们来到一大片树林附近，这里绿树成荫，枝繁叶茂。路建平深深吸了一口新鲜空气，顿时感到心旷神怡。

路门捷抬起胳膊舒展了一下身体，问道："建平啊，为什么早上的空气那么清新呢？"

路建平回答说："因为早晨空气中负离子含量比较高。"

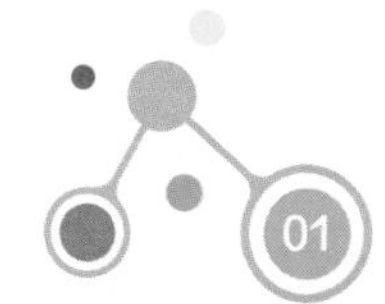

路门捷微笑着望着他："那爸爸考考你，什么是空气负离子呢？"

路建平想了想回答道："空气负离子又叫负氧离子，是氧分子经自然作用产生的。一定浓度的空气负离子能起到保健的作用，比如平缓心情、减轻压力、消除疲劳等。"

路门捷赞许地点点头："你说得很对，通常空气中负离子含量越高，空气越清洁，对人体健康越有益。在自然生态系统中，森林和湿地是产生空气负离子的重要场所。好了，时间不早了，咱们回家吧。"

父子俩回到家，路建平的妈妈沈思淼正急匆匆地准备出门，看见他们就说："早餐在饭桌上，我还有台手术要做，先去医院上班了。"

两人答应着走向饭桌，沈思淼告诉路建平，他的同学秦雨遥打电话来请他参加同学聚会，让他给她回个电话。

路建平知道秦雨遥是个任性又有些骄傲的女生，

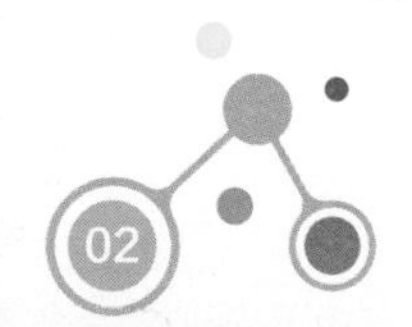

自己跟她又不是很熟，不知道她为什么会邀请他。

但他依然打通了秦雨遥的电话。秦雨遥告诉他，她要在家里的乡村别墅里举行生日 PARTY。请他来的主要原因是想借着过生日的机会好好谢谢少年侦探团帮她找回一块她非常喜欢的手表。申筝奕和尤勇齐都已经答应了，现在就差他了。

“乡村别墅？远不远呀？”路建平问道。

“不远，就在郊区，骑自行车半个小时左右就到了。申筝奕知道，你们明天上午十点一起过来吧。”说完秦雨遥就挂了电话。

第二天早上，路建平三人在约好的地点会合。骑了大约半个小时，他们到达了秦雨遥家所在的别

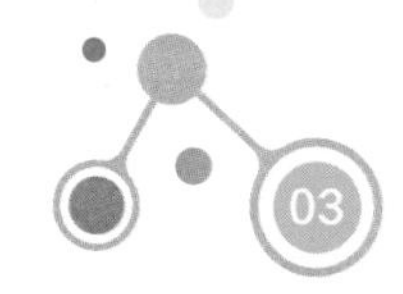

墅区。

这里显得非常安静，一排排青砖红瓦的房屋分布在绿树之间，呈现出一派宁静祥和的田园景象。

秦雨遥家是三层楼的独栋别墅。首先映入他们眼帘的是一个豪华的大厅。高大的天花板上悬挂着华丽的吊灯，两侧的墙壁上镶嵌着精美的雕塑，地板铺设的大理石，光滑而闪亮。

尤勇齐对别墅的富丽堂皇非常羡慕。秦雨遥一脸骄傲要带他们四处参观一下。

众人跟随秦雨遥上楼。二楼过道上有个大鱼缸，鱼缸里养着各式各样的热带鱼，不停地游来游去。

路建平注意到，有一条鱼漂浮在水面上，一动

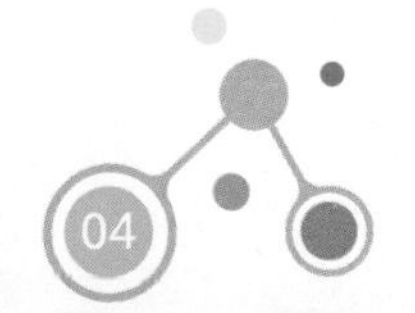

不动。他指着它对秦雨遥说："这条鱼好像死了。"

秦雨遥定睛一看，不由大惊失色，并说自己每天都用新的自来水换水，鱼却还是死了。

路建平摇摇头说："不能直接把自来水倒进鱼缸里，因为自来水里有次氯酸。"

秦雨遥瞪大眼睛问："什么是次氯酸？"

路建平解释说："次氯酸是一种含有氯元素的很弱的酸。自来水经过漂白粉消毒之后，常有次氯酸残留。它对鱼类来说是致命的毒药。所以你应该先把自来水盛出，放在阳光下晒一段时间，等水中的次氯酸分解后，再倒进鱼缸里。"

秦雨遥这才恍然大悟。处理完死鱼后，众人跟随秦雨遥来到餐厅，这里已经聚集了很多人。一个约十二岁，身形瘦小、打扮朴素的女孩子迎了上来。她轻声对秦雨遥说："雨遥姐，都准备好了，就等你了。"

秦雨遥点点头："好的，我的这几位朋友到了，

你再拿几个碟子过来吧。”女孩答应着转身走了。

申筝奕问起女孩的来历，秦雨遥说她是保姆顾婶的女儿，叫琬玉，在附近的乡镇学校上学。雨遥暑假来这里住的时候，会叫她来别墅玩。

这时，秦雨遥的妈妈童仁菁穿着一身雍容华贵的旗袍正在和客人们聊天，看到他们就走过来，笑眯眯打招呼。童仁菁上下打量他们，啧啧赞叹：“你们就是帮雨遥找回手表的大名鼎鼎的少年侦探团吧。我经常听雨遥提起你们，真是自古英雄出少年啊！”

路建平和申筝奕被夸得有些不好意思。尤勇齐却洋洋得意地拍着胸脯说：“其实也没什么了，那个偷手表的小偷就是个只会逃跑的胆小鬼，我追上去三拳两脚就把他制服了。”

申筝奕白了他一眼，但想想应该给他留点面子，所以什么话也没说。

童仁菁笑容满面地抚摸着他的圆脑袋说：“你

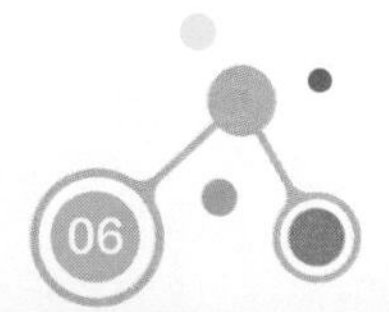

就是尤达丹的儿子尤勇齐吧，不愧是‘有勇气’啊，我早就听你爸爸说过你的许多‘光辉’事迹了。不错不错，阿姨就喜欢你这种勇往直前的气概。”

尤勇齐嘿嘿地笑了起来。

童仁菁又笑着对他们说：“好了，孩子们，快过去吧，一会儿要吃生日蛋糕了。”

几个孩子答应着走了过去。童仁菁叫住秦雨遥嘱咐道：“妈妈要出去。咱们家里的锁坏了，我已经叫了修锁师傅，还有厨师马叔的儿子会送来一些新鲜蔬菜。你都照看一下。”秦雨遥爽快地答应了。

这天中午，他们和秦雨遥一起，开开心心地共度了一个热闹非凡的生日派对。

几天后的一个早上，路建平正睡得迷迷糊糊，一阵急促的电话铃声把他吵醒了。他睡眼惺忪地拿起手机，话筒里传出了申筝奕急切的声音：“路建平，不好了，秦雨遥家的别墅被盗了！”

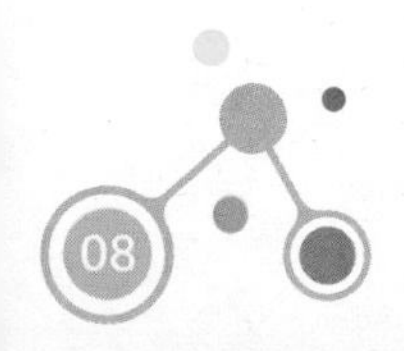

你了解湿地吗？

湿地是指天然或人工的沼泽地、泥炭地或水域地带，带有静止或流动的水体。湿地是自然界中最富生物多样性的生态系统之一，能为人类生产、生活提供多种资源，是“地球之肾”“鸟类乐园”。

在城市中，湿地公园能够发挥调节和净化大气、调节局部小气候的重要作用。湿地能够吸收大量的二氧化碳，并放出氧气，还可以起到净化水源、蓄洪抗旱的作用。

月黑之夜 2

路建平听到这个消息顿时睡意全消。他连忙问道："怎么回事？"

申筝奕叹着气说："唉，刚才秦雨遥给我打电话，说她昨晚正准备睡觉，忽然听到家里有动静。当时她妈妈外出还没有回来，家里的保姆也有事不在家。她很害怕，吓得只能堵住自己房间的门。等她妈妈回来后，家里已经没有什么动静了。事后，童阿姨发现她房间里的首饰盒不见了，里面装着不少贵重的首饰呢。秦雨遥吓得不轻，刚才给我打电话时，还带着哭腔呢！"

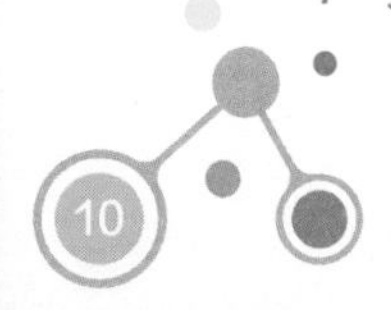

路建平连忙问："报警了吗？"

申筝奕说："当然报了。因为涉及的盗窃金额比较大，属于刑事案件，我妈妈已经委派孙阳叔叔过去调查了。你说，咱们要不要也过去看看啊。"

路建平想了想说："咱们前几天刚去给秦雨遥过完生日，没多久就发生了这样的事。于情于理咱们都应该过去看看，也许还能给孙叔叔帮些忙呢。"

申筝奕说："那就这么定了。我这就去给秦雨遥打电话。你也问问尤勇齐要不要一起去。半小时后，我们在上次碰头的地方见。"

放下电话，路建平立刻与尤勇齐联系。尤勇齐满口答应，还说这是男子汉义不容辞的责任。

半小时后，路建平和申筝奕都准时来到约定的地点。尤勇齐却迟迟没有出现。

路建平看了一下手腕上的全钢手表，皱着眉头说：“勇哥一向都很准时的，今天这是怎么了？”

申筝奕看着他的手表在阳光的照耀下熠熠生辉，不由好奇地问道：“你这个手表是什么材质的？”

路建平说：“不锈钢。”

“不锈钢能防锈吗？”申筝奕继续问道。

路建平看了看手表说：“**不锈钢**是一种具有抗腐蚀作用的合金钢。它之所以不会生锈，是因为在炼钢过程中加入了铬、镍等金属，能够形成一层致密的保护层。它还具有耐高温、强度高、易清洁等优点。”

申筝奕点点头：“有这么多好处，难怪你喜欢戴它。”

等了很久尤勇齐才从远处赶来。他说自己跟妈妈顾泉佳周旋了很久，并答应回去写三张卷子才被

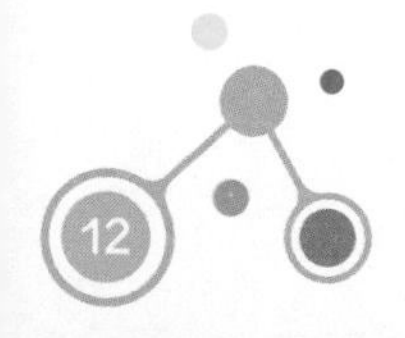

准许出门。

尤勇齐愁眉苦脸地说：“你俩都是‘学霸’，所以破案什么的也不会影响学习。我可不行，**稍不留神**就会掉队。路建平，咱们说好了，回去做题的时候，我不懂的地方，你必须教教我。”

路建平笑着说：“没问题。你回家跟你妈妈说说，我们不是自己动手抓贼，而是通过分析推理帮助警察破案，保证不影响学习。”

终于赶到了秦雨遥的家。申筝奕本想先找孙阳了解一下案情，谁知道警察已经勘查完现场离开了，作为报案人的童仁菁跟着警察去做笔录了。

申筝奕抱怨尤勇齐道：“都怪你，**慢腾腾**的，害得我们来迟了。”

尤勇齐挠了挠头，内心也是**懊恼不已**。

三人先上楼去找秦雨遥。秦雨遥一看到申筝奕，立刻奔过来紧紧地抱住她，抽泣着说：“我妈妈去警察署了，我爸爸在国外，现在家里只有我一个人。

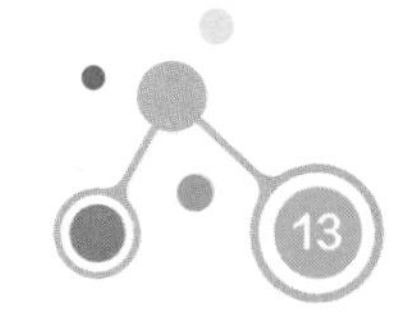

我好害怕，不想在这里住了！呜呜呜。”

申筝奕安慰她说：“你别害怕，要不去我家住几天吧。”

秦雨遥依然啜泣着，缓缓摇头。

申筝奕鼓励她说：“遥遥，你别担心，我们今天过来，就是来帮忙抓小偷的，你知道什么，就跟我们说说吧。”

尤勇齐攥了攥拳头：“秦雨遥，你放心吧，我们少年侦探团，不是**吃素**的。我们既然能帮你找回手表，也能帮你妈妈找回首饰！”

路建平也点点头说：“你能跟我们详细说说昨晚的情况吗？”

听到他们的话，秦雨遥渐渐停止了**抽泣**，开始回忆起昨晚的情景：“昨天晚上，我妈妈出去应酬，顾婶、马叔也有事不在，家里只有我和琬玉两个人……”

路建平微微愣了一下：“琬玉？就是那天生日

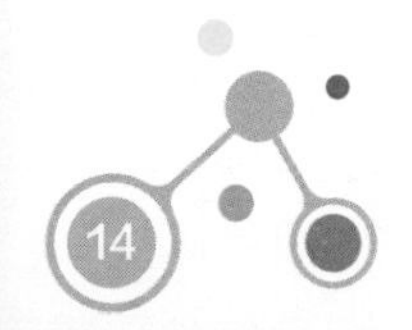

派对上的女孩吗？”

“嗯，我只有暑假才会住在别墅，所以在这里没什么朋友。她怕我一个人**孤单**，所以总过来陪我玩。昨晚我们一起做手工。她的手可巧了，给我做了个小兔子，可漂亮了。”

尤勇齐看到她**眉飞色舞**地，有些跑题，就不耐烦地打断她：“你能不能说重点。”

路建平连忙制止尤勇齐：“别打岔，然后呢？”

秦雨遥被打断了思路，于是想了想接着说：“昨晚没有月亮，外面风很大，一直呼呼地吹。十点半左右，琬玉就回家了。我就把楼上的灯都关了，练了会儿瑜伽。”

尤勇齐奇怪地说："你关灯练瑜伽？"

秦雨遥不悦地说："这是我的习惯，在黑暗中练瑜伽能让我心静。"

申筝奕急忙说："勇哥你别老打岔，遥遥你接着说。"

秦雨遥点点头，继续说道："我练了一会儿，正准备睡觉，十一点左右吧，我忽然听到楼下有脚步声。虽然声音很轻，我却听得**一清二楚**。我知道这绝对不是妈妈高跟鞋的声音，也绝不是顾婶或马叔。当时，我吓坏了，赶紧悄悄地**躲回**自己的房间把门紧紧地锁住了。"

路建平问："小偷只有一个人吗？"

秦雨遥低头仔细想了一下，点点头说："嗯，听起来应该只有一个人。"

申筝奕搂着她问："后来呢？"

秦雨遥继续回忆着："后来，我感觉脚步声好像往我妈的房间去了。我很害怕，躺在床上用被子把

头紧紧蒙住，再往后，脚步声就消失了。大概十一点半的时候，我妈妈回来了。她听我说家里遭贼了，也很紧张，赶紧四处检查。家里没丢什么东西，就是她放在抽屉里的一个首饰盒不见了，里面有金项链、手镯，还有一枚我爸妈结婚时买的钻戒，有好几克拉呢。我妈急坏了，马上打电话报警，并通知顾婶和马叔他们赶紧回来。没一会儿警察就来了，他们并没有发现房子有被破坏的痕迹，于是让我们保护好现场，就走了。因为这是别墅区第一起比较大的失窃案，所以一大清早，更多的警察过来了。他们问了我和妈妈一些情况，拍了很多现场的照片，又把里里外外仔细地检查了一遍，好像也没有发现什么新的线索。然后你们就来了。直到现在一想起这些，我就害怕得要命。”

申筝奕轻声安慰她。路建平则陷入了沉思。

过了一会儿，申筝奕率先打破沉默，肯定地说：“我大概知道谁是最大的嫌疑人了！”

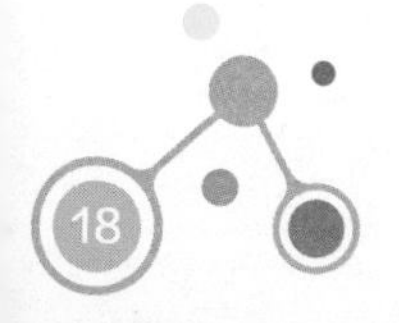

为何有时看不到月亮?

为什么有时候我们在晚上看不到月亮呢?

月亮是一颗围绕地球公转，同时跟随地球围绕太阳公转的卫星。当月亮运行到太阳与地球之间的时候，即太阳、月亮、地球处于同一条直线时，月亮以它黑暗的一面对着地球，并且与太阳同升同落，这时人们在地球上就看不见月球。人们将这种月相称为“新月”或“朔月”，一般在农历初一出现这一现象。

3 监控寻贼

听到申筝奕说得如此肯定，大家都不由得望向她。

尤勇齐最沉不住气，赶紧问道："正义姐，你就**别卖关子**了，快说，小偷是谁？"

申筝奕却摇了摇头："我现在还不能下**结论**，只能说有嫌疑。"她转头问秦雨遥："你家里有没有装监控？"

秦雨遥摇头："没有呢。我妈一直认为这个别墅区很安全，而且我和妈妈也不是经常来这里住，所以一直没有装监控。不过，我们可以去小区保卫

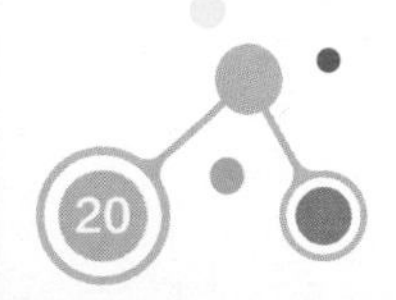

处那里看监控。”

申筝奕喜形于色地说：“太好了，我们现在就去！”

于是，一行人在秦雨遥的带领下来到小区保卫处的监控室，在征得保卫处负责人的同意后，众人开始围在一起仔细看监控。

根据秦雨遥回忆的时间点，他们重点查看了昨晚十一点以后小区大门的监控。这个时间段已经很晚了，除了来来往往的车辆，步行进出小区的行人很少。

这时，他们注意到，屏幕上出现了一个小女孩，身材比较瘦小。她的肩膀上背着一个袋子，神色慌张地快步走出了小区。

秦雨遥惊奇地说：“咦，这不是琬玉吗？她不是早就应该回家了吗？怎么这会儿才出小区啊。”

路建平和申筝奕彼此对望了一眼，心照不宣地点了点头。

看完监控，他们又回到秦雨遥家。

到家后，顾婶正在拖地，见他们回来就急忙迎上来说：“小遥，你饿了吗？我让马叔给你做饭吃。”

秦雨遥摇摇头，转身问路建平他们说：“我还不饿，你们想吃什么？”

路建平说：“可以吃些碱性食物。”

尤勇齐用手捂着额头说：“我的天啊，碱性食物是什么？能不能说点正常人听得懂的话！”

路建平答道：“**碱性食物是含钙、钠、钾、镁等矿物质比较高的食物，在人体内经过代谢后，最终产物常呈碱性**。它可以帮助维持人体内的酸碱平衡，增强免疫力，促进消化和新陈代谢。可以说所有新鲜的蔬菜、水果都是碱性食物。”

秦雨遥点点头，对顾婶说：“那就帮我们切一些新鲜的水果吧。”

顾婶答应着走向了厨房。

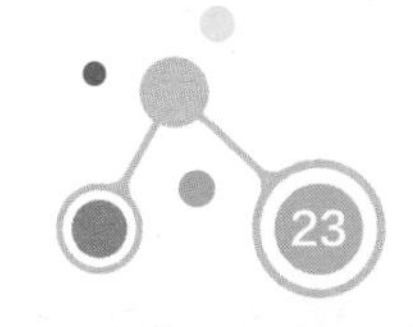

申筝奕望着她的背影轻声说：“她就是琬玉的妈妈吗？”

秦雨遥点点头说：“顾婶是我家的老人了。人又好干活又细心。奕奕，你是不是有什么头绪了？”

申筝奕**定睛**望着她说：“在这里说不方便，要不我们上楼去你房间说吧。”

秦雨遥答应了，众人一起上楼来到她的房间。

申筝奕等他们都坐下，轻轻把门关上，**郑重其事**地说：“现在我可以确认最大的嫌疑人是谁了，她昨晚还跟遥遥你在一起！”

秦雨遥瞪大了眼睛：“和我在一起？怎么？你怀疑是琬玉？不会吧，她看上去就是一个很**善良淳朴**的女孩子啊。”

申筝奕叹了口气说：“我也希望她是一个**善良淳朴**的人。但从种种迹象来看，她的嫌疑最大。现在，我们来捋一捋这时间线。首先，你是昨晚十一点左右听到小偷的脚步声。十一点半左右，你妈妈就回来了，

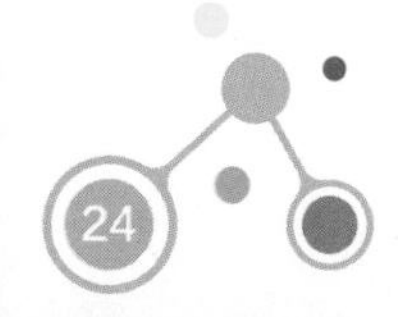

对吧。所以，留给小偷的作案时间只有不到半个小时。而且小偷直接就去了二楼你妈妈的房间。他能在黑灯瞎火的情况下，精准地找到房间并拿到你妈妈的首饰盒，说明这是熟人作案。对了，你妈妈的首饰盒放在哪里？有上锁吗？”

秦雨遥点点头：“有，我妈妈把首饰盒放在床头柜的抽屉里，是上了锁的。那个抽屉只有她有钥匙，但昨晚回来时抽屉已经打开了，并没有任何破坏的痕迹。小偷应该是用钥匙打开的。”

申筝奕一拍手说：“你看，这就全对上了！”

这时，顾婶过来轻轻敲门，送上切好的水果，申筝奕顿时闭口不言。

顾婶笑着说："你们慢慢吃，慢慢聊啊。"说罢转身出去了。

秦雨遥望着她离去的身影，**若有所思**地轻声问道："那你怎么能确定这一切是琬玉做的呢？"

申筝奕等了一会儿才**胸有成竹**地说："首先，她有这个作案时间。她离开的时候，你是亲自送她到门口的吗？"

秦雨遥摇摇头："没有，因为我们俩很熟，我没有特地送她。我只听到她下楼，然后听到'砰'的关门声，就再也没有动静了。"

申筝奕点头说道："这就对了，她关上门却没有走，而是**悄无声息**地躲在一个角落，让你误以为她走了。你关灯后，她以为你已经睡了，就悄悄上楼，直奔你妈妈的房间，用事先配好的钥匙，打开装有首饰盒的抽屉。"

秦雨遥反问："等会儿！她怎么会有钥匙呢？"

申筝奕回应道："如果她**处心积虑**想干坏事，

就会主动找各种机会接触到钥匙。”

秦雨遥想了想：“还真是，我过生日的那天门坏了，锁匠师傅修锁的时候需要钥匙。当时，我妈妈出门了，而我正在上厕所，就让她把一大串备用钥匙递给师傅，那里面就有我妈抽屉的钥匙。”

一直在认真听的尤勇齐闻言跺脚大喊道：“你也太大意了吧，哪能把自家的钥匙随便给人呢。”

秦雨遥噘着嘴说：“我不是相信她吗，当时哪里会想这么多。”

申筝奕看着她说：“我知道你是个容易相信别人的好姑娘，但不要轻易给别人机会。我想她一定是拿到备用钥匙后，找机会自己偷偷配了一把。昨

晚她偷偷进入你妈妈的房间，打开抽屉拿走首饰盒并装到一个袋子里，然后迅速离开，这就是我们刚才在监控上见到的她的样子。还是那句话，虽然我不能肯定她就是小偷，但她一定是本案目前最大的嫌疑人！”

尤勇齐**一脸佩服**地望着她：“不愧是刑警队长的女儿，分析得头头是道，正义姐，我衷心地给你点赞！”

路建平却没有**随声附和**，他一直在冷静地思考：申筝奕的分析确实有一定的道理。作案时间、作案条件看上去也十分充分，可是作案动机呢？

他想了想，扭头问秦雨遥：“琬玉的家庭条件怎么样？她有没有表现出对你优越生活的羡慕？”

秦雨遥想了想说：“顾婶他们家就在离我们这不远的一个村子里。顾婶跟我说过他们家条件不好。她的丈夫经常生病，没法下地干活，所以她就来我们家当保姆了。他们家有好几个孩子要养，琬玉是老大，

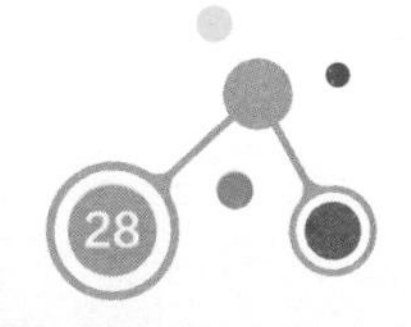

最聪明也最能吃苦。——至于说羡慕嘛……我想起来了，我经常看到她望着我们家里的东西，流露出**一脸艳羡**的神情。路建平，你觉得她是嫉妒我过得比她好得多，所以来偷东西吗？”

路建平摇摇头：“我没有这么说，我只是在分析可能的作案动机。”

尤勇齐搓着手兴奋地说：“看来，这么分析已经越来越接近真相了，现在我们该怎么办？”

申筝奕望着大家，**斩钉截铁**地说：“我们应该直接去找她！”

1. 申筝奕为什么怀疑琬玉是小偷？
2. 路建平认为琬玉的作案动机是什么？

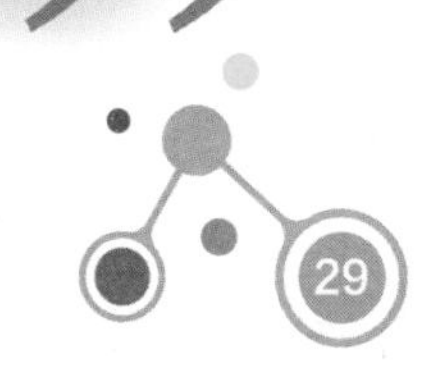

当面对质 4

尤勇齐奇怪地问申筝奕："我们为什么去找她，直接报警不更快吗？"

申筝奕摇摇头："不行，我们并没有直接的证据，只是**有所怀疑**，现在报警太早了，所以有些话还是当面问她比较好。如果真的发现她就是小偷，到那时，尤勇齐，作为我们少年侦探团的**武力担当**，你会让一个瘦小的女孩跑掉吗？"

尤勇齐握了握拳头，**信心百倍**地说："放心，只要有我在，一个坏蛋也休想跑掉！"

申筝奕又问路建平和秦雨遥："你们觉得呢？"

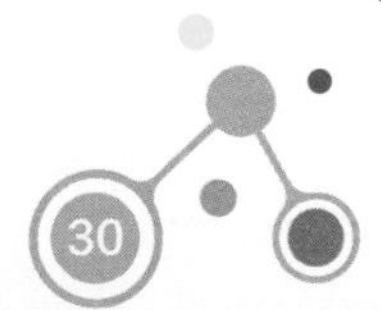

路建平点点头："我同意，这个时候，有些话还是当面问比较好。"

秦雨遥却有些**惆怅**地说："唉，一想到昨天还是亲密的玩伴，今天却成了嫌疑人，我心里真不是滋味。"

申筝奕安慰她说："我们只是去找她了解情况，说不定我们的判断错了呢。"

秦雨遥点点头："好吧，我去过她家。她家离这里不远，走路过去十来分钟就到了。不过现在已经是中午了，要不我们先吃完饭再去？"

尤勇齐摇摇头，**摩拳擦掌**地说："一听到破案我就**热血沸腾**起来了！咱们赶紧过去吧。"

路建平笑着拍拍他的肩膀："勇哥，**磨刀不误砍柴工**，我们出来半天了，确实需要先补充一下体力，吃完这些水果再去吧。"

尤勇齐只好坐下，**大大咧咧**地拿起一大片哈密瓜嚼起来，嘴里还不停地催促他们："快吃快吃！"

吃过水果，在秦雨遥的带领下，众人步行前往琬玉家。

快到村子的时候，尤勇齐注意到一些盖着石板的池子，散发出一股臭味。他皱着眉头问:“这是啥呀，怎么这么臭？”

路建平看了一眼说道：“这是沼气池。”

“沼气？”

路建平点头说：“**沼气**是用粪便、植物茎叶经过发酵而释放出的一种可燃性气体。它的主要成分是甲烷，是一种可再生的清洁能源。”

申筝奕仔细看了看：“不过我看这些沼气池好像已经废弃了啊。”

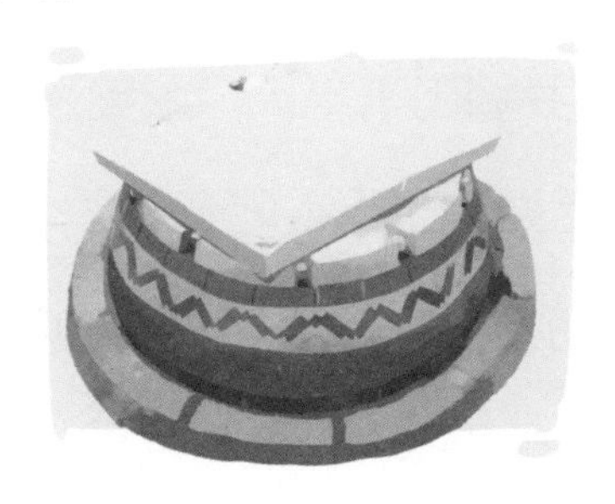

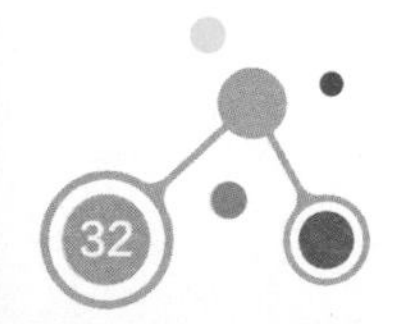

路建平点点头说："是的，目前天然气和电力已经慢慢代替了沼气，成为人们日常的主要能源了。"

几个人**说说聊聊**走进了村子。

村子不大，由于很多青壮年都已经去城里打工了，周围显得**静悄悄**的。

走了一会儿，秦雨遥突然指着不远处一栋房子，有点紧张地说："她在那儿！"

众人随着她的手指看过去，看到一个个头不高的瘦弱女孩子正在院子里的井边吃力地打水。那人正是琬玉。

琬玉也注意到他们了，赶紧放下水桶，飞跑过来，握住秦雨遥的手，关切地说："雨遥姐，听说你们家昨晚遭贼了，没什么事吧？"

秦雨遥一把甩开她的手，**冷若冰霜**地说："我家的事你这么快就知道了？"

琬玉点点头，认真地说："刚才有警察叔叔来找我了解情况。我这才知道，在我走了以后，有小

偷进你们家了，他们偷什么东西了？”

秦雨遥冷冷地盯着她，**一字一顿**地说：“你走了以后？恐怕在我家失窃之前，你一直没有离开过吧。”

琬玉一怔：“雨遥姐，你，你什么意思，难道你怀疑是我偷了你家的东西？”

秦雨遥**从鼻子里发出了一声冷哼**，望着她并不吭声。

尤勇齐忍不住走上前去，**声色俱厉**地问琬玉：“我问你，昨晚你从秦雨遥家里出来的时候，身上背的袋子里装的是什么？还有，你明明早就离开她家了，为什么过了很久后才离开小区？你别想抵赖啊，我们在小区的监控上都看到了！”

琬玉的脸一下就红了。她嘴角微微发抖，泪水从她的眼里涌出来。她颤声说：“刚才警察叔叔来的时候，都没有这样说我。你们凭什么怀疑我！”

尤勇齐哼了一声：“袋子呢？能交出来吗？”

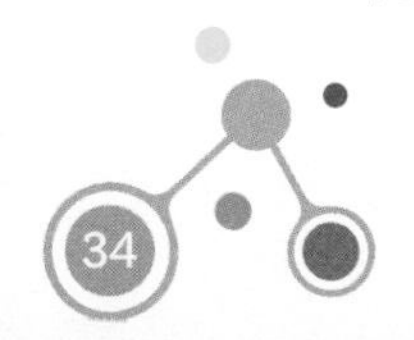

琬玉满脸通红，大口喘着气，胸口激烈起伏。忽然，她跑了回去。

尤勇齐以为她要逃跑，正要去追。路建平却一把拽住他，示意他不要轻举妄动。

琬玉跑到家门口拿起一个袋子，又跑回他们面前，一言不发地把袋子里的东西往地下倾倒。

“哗……”一大堆红褐色的果子倒了一地。

秦雨遥认出这是海枣果，小区里有一大片海枣树，结的正是这种果实。她望着琬玉，语气不由得有些结巴起来：“你这袋子里，装的都是海枣？”

琬玉泪眼婆娑地望着她，点头哽咽地说：“前几天，咱们看到小区里有很多海枣熟了。你说

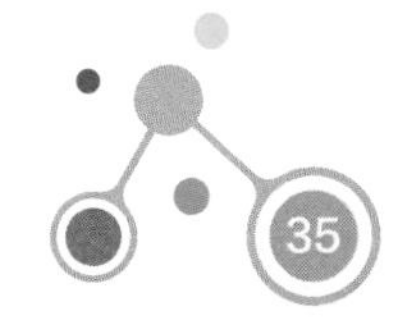

这种枣果肉肥厚，又甜又好吃，可惜树太高了拿不下来。昨晚我离开你家的时候，刮大风把很多海枣都吹落下来了，我觉得掉在地上挺可惜的，就挑大个的捡了很多。我本来想洗干净后带给你吃，没想到，被你们这样怀疑我。呜呜呜……”

秦雨遥记起自己是随口说过一次想吃海枣，没想到被琬玉记在心上了。看到她**痛哭失声**，不由得心软了。她走近琬玉，拉起她的手轻声说：“好了好了，别哭了，是我们错怪你了。”

琬玉哭得越发大声了：“我们家是穷，但**人穷志不穷**，我爸妈一直告诉我，做人一定要**清白正直**，最重要的是要有**骨气**。所以我再穷，也不会惦记你家的东西，更不可能去偷你家的东西！我是羡慕你。但我羡慕的不是你们家多么富有，而是羡慕你书架上**满满当当**的书，我最喜欢看书了，那些书都是我**梦寐以求**的。”

路建平他们这才注意到，在琬玉身后不远处的

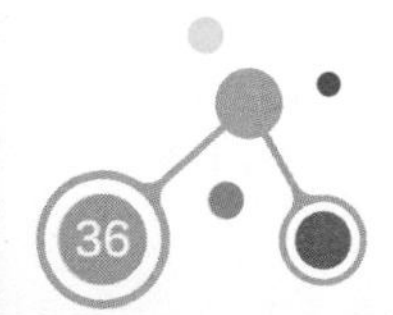

石桌上，摆着几本《钢铁是怎样炼成的》《我们的星辰大海》之类的书，不过都皱皱巴巴的，显得很破旧。

秦雨遥充满歉意地说："琬玉，对不起，我们真的是错怪你了。没想到你那么喜欢书，以后我家里的书你随便看。"

琬玉摇摇头说："不用了，我现有的书已经够看很久了，谢谢你，雨遥姐。"

尤勇齐还是有些不服气，问她："那你那天晚上离开小区的时候，干吗慌慌张张啊？"

琬玉的脸上忽然涌出一阵羞涩，她有些难为情地说："因为那些海枣虽然是风吹下来的，但毕竟不是我家的，我就这么拿走，总觉得怪不好意思的。"

秦雨遥充满爱怜地握着她的手，柔声对她说："这些海枣掉到地上没人捡第二天也会坏的。"

琬玉说："我妈总跟我说，不是自己的东西不能拿。雨遥姐，我知道你家刚丢了东西，心情不好，

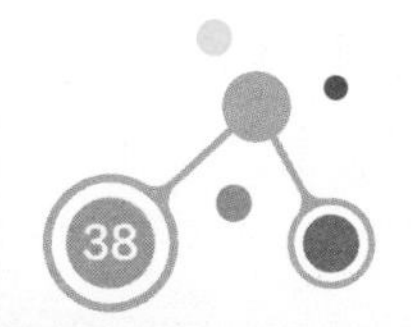

所以我不会怪你的。我也仔细回想一下，看看能不能帮你们还有警察叔叔找到破案线索。”

路建平点了点头，对她说：“谢谢你，那我们先回去了。”

琬玉把他们送到村口并目送他们离去。她**一动不动**地久久站在那里，虽然**身形瘦小**，但在这一刻，她仿佛就是一棵**挺拔屹立**的香樟树。

谜题

③ 琬玉的袋子里装的是秦雨遥妈妈的首饰盒吗？

④ 琬玉从秦雨遥家出来以后，为什么过了很久才离开小区？

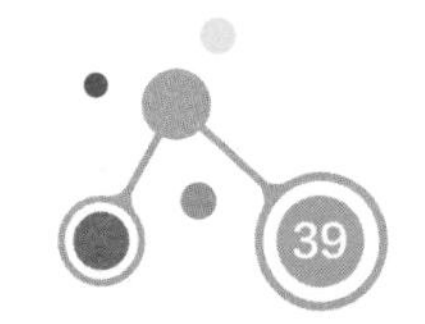

迷锁重重 5

他们回到秦雨遥家里时，童仁菁已经回来了。她看上去有些疲惫，但看到女儿和她的几个同学回来了，依然**笑眯眯**地说："你们回来了，都饿了吧，快来吃饭。"

路建平他们本想推辞，但架不住童仁菁的**热情好客**，加上秦雨遥说吃过饭后还要继续商量，也就只好留下一起吃饭了。

席间，申筝奕默默地往嘴里**扒拉**着饭，**一声不吭**。由于自己的误判找错了嫌疑人，她**郁闷不已**。

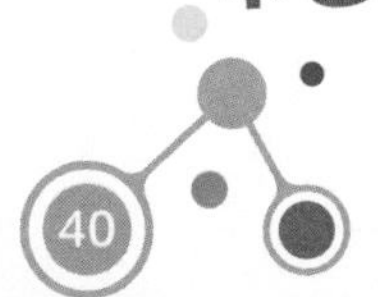

吃到一半的时候，她借故溜出餐厅，走到一个房间的阳台上悄悄给孙阳打电话。孙阳一听是她的声音顿时笑了:“怎么，小丫头片子，又想刺探军情了。”

申筝奕撒着娇说：“哎呀，孙叔叔，我们这不是想帮你破案嘛。看在我过去帮了你那么多次的分上，你就透露一点信息呗。”

孙阳笑道:“你呀，就喜欢让你孙叔叔为难。好吧，看在你们少年侦探团确实给我们帮了不少忙的分上，我就说一点点吧。从现场调查的**痕迹**来看，在童女士房间里出现了一组可疑的男性脚印。”

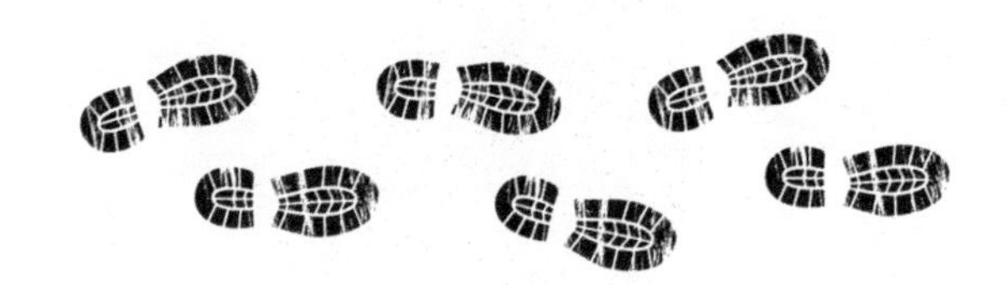

申筝奕问道：“男性？有没有其他女性的，比如十几岁女孩子的？”

孙阳告诉她，现场只有一组男性脚印。因为作案时间短，作案目标明确，门窗无破坏痕迹，这很有可能是熟人作案，至于这个男性脚印的主人是谁，他们还在排查中。申筝奕垂头丧气地挂上电话。

回到餐厅，她看到童阿姨因为有事已经离开了。秦雨遥说开一个黄桃罐头吃，尤勇齐却说罐头里防腐剂多，对身体不健康，最好别吃。

路建平说："防腐剂是能抑制微生物繁殖，防止食品腐败变质的一类食品添加剂。食品里防腐剂的使用都有严格规定，少量食用并不会对身体健康产生影响。"

听了他这么说，尤勇齐才放心地吃起罐头来。

吃过饭后，众人又回到秦雨遥房间继续讨论。

路建平问秦雨遥："之前看监控的时候，我们的注意力都被那个琬玉吸引了。现在既然排除了她的嫌疑，你再想想，监控里你还有没有看到什么认识的人？"

秦雨遥低着头仔细地回忆，忽然抬头说道："我刚才好像看到了那个曾到我们家修门锁的锁匠了。"

"锁匠？"路建平他们三人**异口同声**地说。

秦雨遥点点头："这个人姓刘，好像跟我妈是老乡，这栋别墅装修的时候，都是他安装的门锁，所以他对我们家的环境很熟悉。我生日那天，也是他修的门锁。所以无论是家门钥匙，还是抽屉钥匙都经过他的手。"

路建平**低头沉思**一会儿，说道："这个人确实具备作案能力，如果他又有作案时间的话，就不能排除嫌疑。"

申筝奕提出不同意见："我听我妈说过，锁匠为了合法地从事开换锁业务，都要在警察署备案的。他们如果犯事，很容易被警方抓到，所以我觉得，他的嫌疑不大。"

尤勇齐则反对说："那不一定，我经常看到新闻中有锁匠犯罪的报道，所以锁匠这个身份，也许

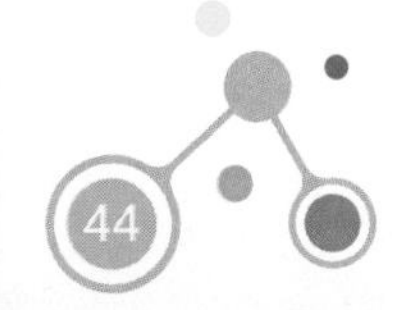

是他们犯罪的障眼法。"

几个人七嘴八舌地讨论，莫衷一是。最后还是路建平说："我们还是再看看监控，确认一下吧。"

四个人又赶往监控室。在监控中，秦雨遥果然发现了那个锁匠的身影。

秦雨遥问："我们需要去找他吗？"

路建平想了想，说："这个人行踪不定，不好追踪。我们还是把这条线索告诉警方，请他们排查一下吧。"

申筝奕答应着，走出去给孙阳打电话。孙阳一听说怀疑对象是刘锁匠就直截了当地说："不是他。我们早已经排查过了。他没有作案时间，在失窃案发生时，也就是从秦雨遥发现有窃贼到童仁菁女士回家的那个时间段，他正在小区的另一户人家里修门锁，有充分的人证物证表明他不在场。而且这个人一向忠厚老实，工作纪录良好，没有什么案底，所以基本可以排除嫌疑。不过还是要谢谢你啊，奕奕，

不要泄气，继续努力。”

挂了电话，申筝奕走回去，颇有些**沮丧**地跟他们说：“警方确认了，不是他。”

四个人都沉默了。路建平说：“破案着急不来，要不我们先回去再想想吧。”大家都同意了。

申筝奕回到家，脑海里一直还在思考这个案件。她**心不在焉**地帮爸爸申正道做饭时，把半瓶醋打翻，全倒在了自己的手上。

申正道不但没有责备她，反而哈哈大笑：“万幸啊万幸，幸亏是醋酸，不是那些恐怖的工业酸，我女儿的手算是保住了，哈哈哈哈。”

申筝奕问他：“爸爸，醋酸是什么酸？”

申正道笑着说：“怎么，考你老爸呢？醋酸学名为**乙酸**，有一定的**腐蚀性**。它的蒸气对眼和鼻都有刺激作用。它是生活中一种常见的有机酸，我们吃的食醋中主要成分就是乙酸。”

申筝奕竖起大拇指：“不愧是以前搞过科研的

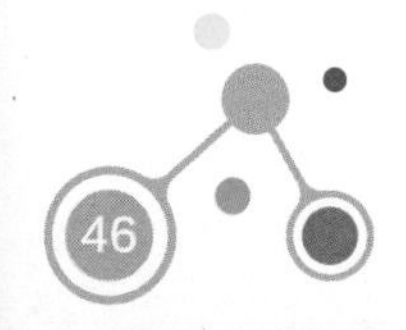

老警察，真厉害。”

申正道看着她说：“奕奕啊，我知道你破案心切，但破案讲求**大胆推理**、**小心求证**，一定不要先预设结论。在关键时刻，要有**自我否定**的勇气，这样才有可能接近真相哦。”

申筝奕点点头。

过了几天，申筝奕接到了秦雨遥的电话，她急切地说：“你们快来，琬玉告诉我有新发现！”

“谁？琬玉？”

谜题

5 警方为什么判断是熟人作案？

6 孙阳为什么一口否定了刘锁匠是犯罪嫌疑人？

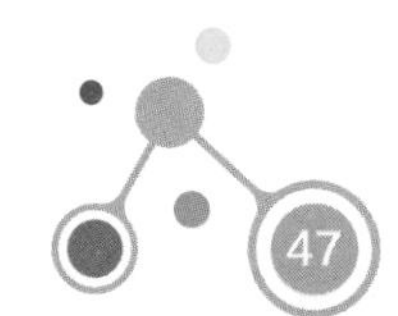

刺鼻怪味 6

听到有新线索，少年侦探团立刻汇集到秦雨遥家。

当他们看到提供新线索的人居然是琬玉时，不禁有些诧异。

秦雨遥说："你们别吃惊啊，琬玉也是**鼓足了勇气**才跟我说的。她知道我们在破案的过程中走了一些弯路，所以她不敢随便说，害怕又把我们带到新的沟里。"

尤勇齐拍着自己大腿急切地说："嗨，这个案子，我们现在是**无路可走**好不好，哪怕是条沟，也说

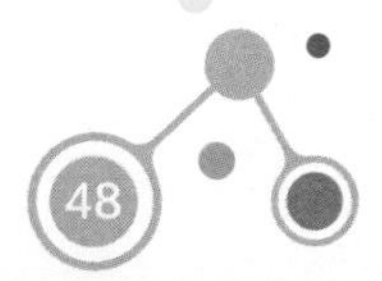

不定能让我们穿到彼岸啊。琬玉妹妹，你快说说。”

他瞪大眼睛紧紧盯着琬玉，那副迫不及待的神情把琬玉吓得更不敢说话了。

申筝奕用手轻轻捅了他一下，说道：“勇哥，你别一副要吃了琬玉的表情，让她慢慢说。”

在大家的鼓励下，琬玉定了定神，开始慢慢道来：“那天从雨遥姐家出来的时候，我闻到了一股很难闻的怪味。”

申筝奕问道：“难闻的怪味？是类似沼气池那种粪臭的气味吗？”

琬玉想了想说：“不像。”

路建平接着问：“那是类似臭鸡蛋的气味吗？”

尤勇齐诧异地问他：“臭鸡蛋？什么样的气体会有臭鸡蛋味啊？”

路建平回答说：“有臭鸡蛋气味的气体可能是硫化氢。硫化氢是有臭鸡蛋气味的无色气体，但它有剧毒，能燃烧。这气体对身体有害，

所以我们闻到有臭鸡蛋气味的气体时，一定要注意防护和通风。”

琬玉摇了摇头：“也不像是臭鸡蛋味，就是一股刺鼻的怪味。不过因为那晚风很大，那个味道很快就消散了。因为我着急回家，也没太在意。所以很快就把这事儿忘了。可是，昨天，我经过我们村里一块田地时，又闻到了那股刺鼻的味道！”

申筝奕问：“是跟那晚一样的味道吗？”

琬玉点点头：“应该是。”

尤勇齐**不以为意**地说：“就是一股刺鼻的味道而已，跟我们破案有什么关系呢？而且这股气味也不一定是来自秦雨遥家附近，说不定是从很远的地方飘过来的。”

琬玉说：“可是我觉得那股气味很浓烈，不像是从远处飘过来的。”

路建平想了想说：“不管怎么说，这也是一条新线索。**没有调查就没有发言权**，琬玉妹妹，

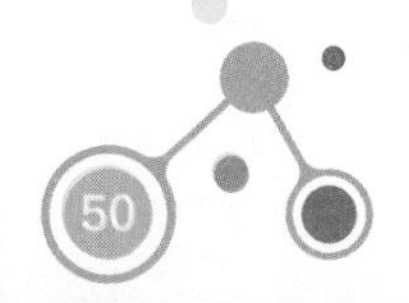

你能带我们去那个地方看看吗？”

琬玉点头说：“好的。”

于是，在琬玉的带领下，一行人往村子里走去。

琬玉住的村子离海边不远。在海边的滩涂地，有一大片稻田。在海风的吹拂下，稻穗不停**起伏摇摆**，仿佛在**翩翩起舞**。

路建平他们都是第一次见到海边的水稻，不由感到很新奇。申筝奕问琬玉：“这就是海水稻吗？”

琬玉回答说：“是的。这是这几年才刚刚推广起来的，我家的田地里也种了一些海水稻。”

尤勇齐好奇地问：“这米好吃吗？”

琬玉说：“口感跟普通稻米差不多，不过**营养很丰富**。”

路建平点点头说：“我听我爸爸说过，海水稻与普通精米相比，**氨基酸**含量高出好几倍，而且海水稻不需施肥，具有**抗病虫、耐盐碱**的生长特性。”

几个人一路走走谈谈，来到了琬玉说的那个地点。

琬玉站住了，使劲嗅了嗅，皱着眉头说：“奇怪，那个气味没有了。”

路建平他们也使劲吸鼻子，确实也没有闻到什么味道。

“琬玉，你是不是记错了？”尤勇齐疑惑地看着琬玉说道。

琬玉看着他们肯定地说：“我确定，因为这是马尚法家的田，他家的地离我家的不远，所以我记得一清二楚。”

申筝奕问：“马尚法是谁？”

秦雨遥说：“是我们家厨师马叔的儿子，也跟琬玉是一个村的，他经常来给我们家送菜，跟我家里人都很熟。”

申筝奕一听是秦家的熟人，不禁**低头沉思**起来。

他们又走回秦雨遥家。回去后，他们在秦家别墅绕了一圈又一圈，开始认真地调查。

秦雨遥家别墅的正门朝南，当他们走到别墅北面时，路建平停下来，似乎**有所发现**地对大家说："这边好像有些味道，你们闻闻看。"

他们都使劲地吸着鼻子闻，果然空气中有一股淡淡的异味。

申筝奕感觉闻起来有点像什么和醋混合的味道，她问琬玉："是这个味道吗？"

琬玉仔细闻了闻，说道："虽然比那天的气味淡多了，不过确实有点像。"

路建平观察了一下四周，发现旁边有一个十几级的石阶往地下延伸。他走了下去，发现一个半地下室。半地下室外观看起来**简洁而坚固**。入口处有一扇铁制的门，门旁边的高处有几块嵌有玻璃的方形窗户，没有装防盗网。墙壁由灰色的混凝土砌成，

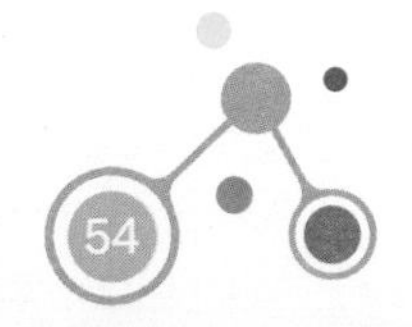

没有任何装饰性的纹理；地面则由灰色的地砖铺设而成。由于这里光线比较暗，所以看上去**阴森森**的。

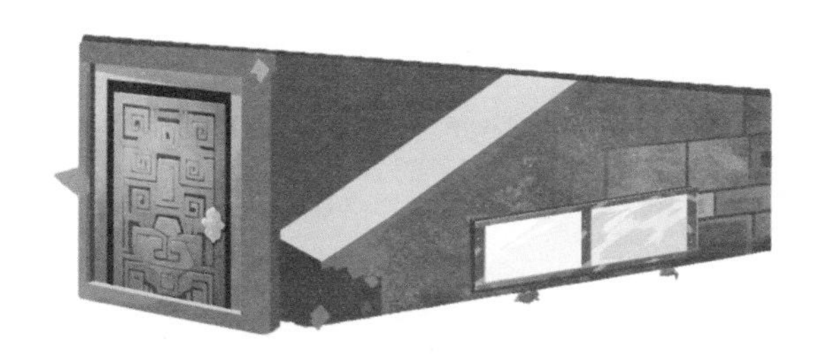

石阶很窄，申筝奕他们小心翼翼地跟上来。路建平问秦雨遥说："这是哪里？"

秦雨遥回答说："这是我家的半地下室。里面空气不好，所以主要放些杂物之类的。不过，这扇门的钥匙早就不见了。这门从外面打不开，只能从里面出来。我们平时也很少从这里进出。"

路建平仔细观察了一下，只见这道铁门上布满灰尘，显然是很久没有使用过了。

他们几个人又**东张西望**四处打量，除了空气中那股**若有若无**的味道，再也没有其他发现。

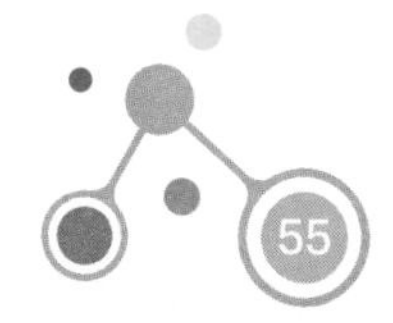

申箏奕无奈地叹了口气："看来也没发现什么可疑的地方，我们先回去吧。"

众人点点头，都往回走。

尤勇齐小声嘟囔着："这种地方谁会来呀。琬玉，不会是你闻错了吧？"

"不会错的，我记得很清楚，和那天的味道一模一样。真的，你们要相信我！"琬玉有点委屈地说。

"勇哥！你少说两句！化学家，这到底是什么味道呀。"申箏奕说道。

"现在还说不好，不过我觉得这味道不那么简单。"说着，路建平又回头看了一眼地下室。

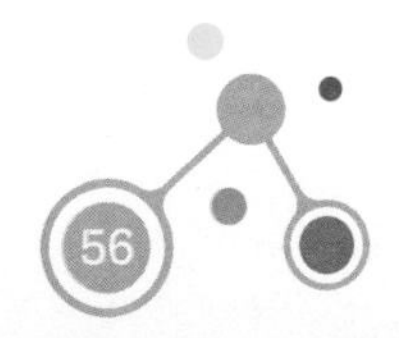

蓬勃发展的中国海水稻

海水稻是能够生长在土地盐碱度在0.3%到0.8%之间的水稻品种。它的营养非常丰富。海水稻不仅可以作为粮食，还能起到防风消浪、促淤保滩、固岸护堤、净化海水和空气的作用。

在“杂交水稻之父”袁隆平院士等科学家的大力推动下，中国的海水稻品系已经逐步成熟，截至2022年底，中国海水稻的种植面积已经突破100万亩。

疑犯落网 7

众人回到秦雨遥的房间，一时默然无语。

琬玉看到气氛有些凝重，不禁有些不安，她低头说："实在对不起啊，可能真的是误导你们了。"

申筝奕摇头说："琬玉妹妹，你不要这样说，查案嘛，往往都会遇到各种磕磕绊绊的问题，线索断了是常有的事，哪里会有这么一帆风顺的。对了，那个马尚法，是个什么样的人？"

秦雨遥蹙眉回忆道："马尚法应该是二十来岁吧，他个头不高，看上去病恹恹的。他平时比较

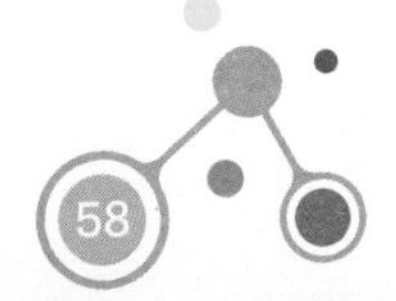

沉默寡言，就是来送菜的时候才偶尔说说话。”

琬玉点头说道：“这个马大哥和我是一个村的，平时不太爱说话。他身体一直不太好，小时候还得过软骨病。”

尤勇齐顿时睁大双眼问路建平：“软骨病？我听说过！化学家，这是身体缺什么来着？”

路建平回答说：“软骨病一般指维生素D缺乏性佝偻病，又叫骨软化症。因为缺乏维生素D，导致钙、磷代谢紊乱，骨骼的钙化出现障碍。”

秦雨遥恍然大悟：“难怪感觉他总是低头弯腰蜷着身子，原来小时候得过这种病啊。”

琬玉接着说：“马大哥学习也不好，还没上完高中就辍学了。他不喜欢种地干活，平时在家也是游手好闲的。马叔叔让他学些手艺去城里打工，他也不愿意。因为他有些古怪孤僻，马叔叔也拿他没办法，只好让他帮自己打打下手，送送货什么的。”

申筝奕问她："你觉得这个马大哥最近有什么反常的地方吗？"

琬玉想了想，**若有所悟**地点头说："好像是有点，最近他好像对雨遥姐家很感兴趣，私下里总是找我**问这问那**的。"

申筝奕眼前一亮："是吗，你再想想，还有没有什么别的奇怪的地方。"

琬玉**喃喃自语**："别的，别的——我想起来了，还有个奇怪的地方。就是上次雨遥姐过生日，锁匠刘师傅需要备用钥匙，我从雨遥姐那里拿了钥匙串给刘师傅，马大哥一直就在旁边。后来，我妈叫我去给她帮忙，马大哥就让我先过去，说一会儿他去把钥匙转交给雨遥姐。"

秦雨遥望着她**瞠目结舌**地说："转交给我？没有啊。后来我看到钥匙串放在餐桌上，我以为是你放的，就没太在意。"

琬玉也**大吃一惊**，连忙说："是吗？我当时

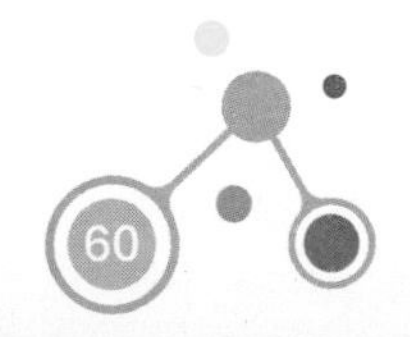

着急给我妈帮忙，也没太在意。后来你也没提起，我更想不起来这件事了。那现在看起来，这个马大哥是不是有问题啊？”

听到这些细节，申筝奕不禁有些激动，不过她很快冷静下来：“确实有这个可能性，就是利用时间差，这个马尚法拿钥匙串去偷偷配了把钥匙。不过，这些还只是我们的猜测，不能成为直接的证据。”

尤勇齐好奇地问：“这个时间应该很短吧，他能这么快配好钥匙吗？”

申筝奕**瞅了他一眼**说：“可以的。我先问你，如果用打火机这样的小火苗，去烤一块类似钥匙之类的金属，会变色吗？”

尤勇齐歪着头想了想，说道：“应该会吧。”

申筝奕追问他：“为什么呢？”

尤勇齐这下答不上来了，赶紧推路建平：“我不知道，化学家，快回答。”

路建平笑了笑，回答说：“这是因为火烤钥

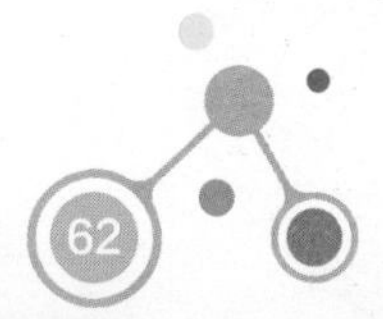

匙时，钥匙表面会附上一层燃料不充分燃烧产生的**炭黑**，当然也可能有**金属**与**氧气**反应生成的氧化物。”

申筝奕点点头，接着他的话说：“钥匙变黑后，取一段透明胶带贴在钥匙表面，手指用力将胶带按压在钥匙上，这样就能把钥匙轮廓清晰地印在上面了。这时候再找一个易拉罐之类的食品罐罐盖，将刚才的胶带贴在罐盖上，然后用剪刀剪出钥匙轮廓，回头再找模具配。”

尤勇齐茅塞顿开，喊道：“哦，原来是这么回事。”

申筝奕盯着他说：“这个方法是我妈妈告诉我的，好孩子可不许学哦。”

尤勇齐把胸脯拍得震天响，自豪地说：“那

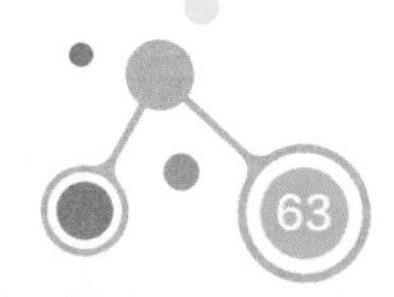

当然，我是光明与正义的使者，绝不会干，也不屑于干这种事情。”

众人看着他一副**洋洋得意**、**自吹自擂**的样子，都不禁笑起来。

秦雨遥问道：“那现在我们怎么办，去调查这个马尚法吗？”

路建平想了想说：“我们现在去查效率太低了。我觉得不如把马尚法熟悉秦雨遥家里情况，并有可能私配钥匙这条线索告诉警方，看看能不能对他们有所帮助。我觉得你可以跟孙阳叔叔汇报一下情况。”

申筝奕答应了，立刻打电话给孙阳，并开了免提让大家都能听到。孙阳听说后笑着说：“谢谢你啊奕奕，你们的判断是正确的，我们此前根据种种线索已经盯上马尚法这个人了，而且也通过刑侦技术手段证实了童女士卧室里的男子脚印就是他的。我们已经把他作为重大嫌疑人，刚刚对他实施**刑拘**了。”

申筝奕激动地大喊：“太好了！这下终于**真相**

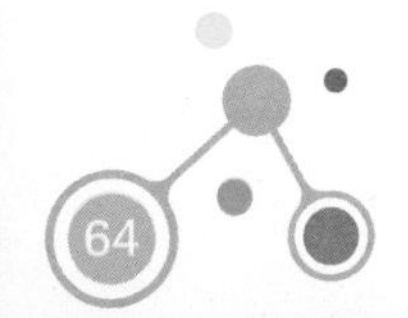

大白了！”

孙阳还告诉她，马尚法拒不承认自己的罪行，还说案发现场的脚印是他前几天去修童女士房间里的玻璃时留下的。这点也得到了童女士的证实。所以警方现在还在找他是如何进入别墅的，事发当晚他的行踪以及他把首饰盒藏在哪里等方面的证据。

挂了电话，申筝奕问秦雨遥：“马尚法之前进过童阿姨的房间修窗户的玻璃是吗？”

秦雨遥点点头说：“是的。妈妈房间之前有块玻璃碎了，她听马叔说马尚法以前学过修门窗，安装玻璃的手艺很好，因为是熟人，就让他进来修了。没想到，他竟然会借机偷东西！”

申筝奕说道：“大家都听到了，虽然嫌疑人落网了，但他拒不认罪，所以我们还需要找到他犯罪的证据才能给他定罪。咱们还得再加把劲，**革命尚未成功，同志仍需努力**啊！”

众人又**七嘴八舌**地讨论了半天，因为暂时没

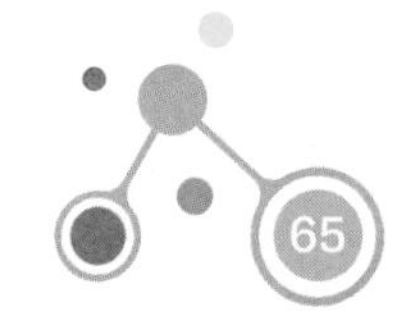

有结果，也就各自回家了。

易拉罐是谁发明的？

1959年，美国俄亥俄州帝顿市DRT公司的艾马尔·克林安·弗雷兹发明了易拉罐，即用罐盖本身的材料经加工形成一个铆钉，外套上一拉环再铆紧，配以相适应的刻痕而成为一个完整的罐盖。

这一天才的发明使金属容器经历了50年漫长发展之后有了历史性的突破。同时，也为制罐和饮料工业发展奠定了坚实的基础。

还原真相 8

路建平回到家后，爸爸妈妈正等着他吃饭。

路建平一边吃饭，一边默默地思考。

路门捷看到他这个样子，微笑着对他说："建平，还在琢磨你同学家失窃的那个案子啊。"

路建平点点头，说："虽然嫌疑人落网了，但是还没有找到他作案的手法。如果没有清楚的犯罪事实和切实的证据，很难给他定罪啊。"

路门捷问他："那你现在有什么寻找证据的**突破口**和方向吗？"

路建平思考了一会儿，说："有人在案发现场

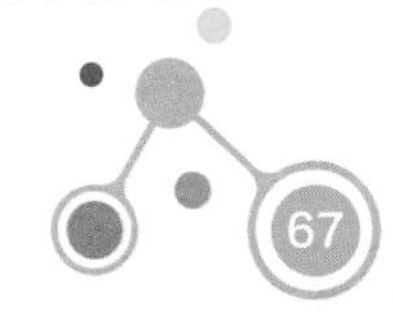

闻到一股刺鼻的味道，我怀疑应该是一种酸释放出的气味。”

路门捷顺势问道：“哦，为什么酸有气味呢？它会释放出什么味道呢？”

路建平看到爸爸又在考他，就认真地回答说：“酸有气味的原因是因为酸的分子在空气中挥发，释放出特定的气味。它们有的具有强烈的刺鼻的味道，有的是腐臭的粪味，有的还会发出臭鸡蛋味……”

沈思淼看到他们俩喋喋不休地讨论案情有些不高兴，说道：“吃饭吃饭，什么臭鸡蛋，粪便味，倒不倒胃口啊。你们爷俩一大一小两个化学家，到底是吃饭重要还是讨论案情重要，再不吃菜都凉了啊。”

父子俩哈哈大笑，开始低头吃饭。

吃过饭后，路建平和申筝奕、尤勇齐开启视频聊天，就那股刺鼻的气味究竟是什么展开了热烈的

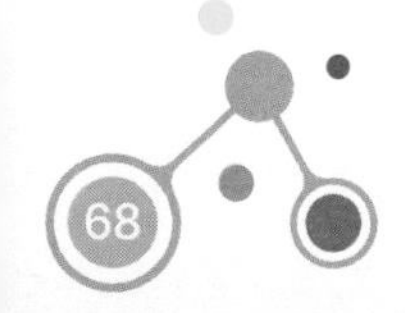

讨论。

路建平坚持认为，那种刺鼻气味是一种酸造成的；尤勇齐则持反对意见，认为现场并没有发现酸的踪迹；申筝奕则主张如果是酸的话就要考虑如何关联到嫌疑人。

路建平说："秦雨遥家的正门附近有很多路灯，如果晚上从那里进出很容易被人发现，所以我认为最大的可能性是小偷从别墅的后面，也就是半地下室那里出入的。那里树木多，**杂草丛生**，没有路灯，**一片漆黑**，很容易**隐蔽**和逃匿。"

申筝奕同意他的判断："我也是这么认为的，

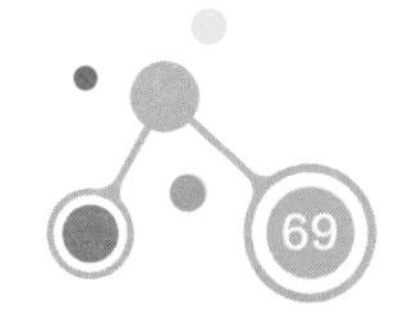

只有从那里进出才能避开小区的监控。”

尤勇齐又提出反对意见：“可是我们在半地下室那里没发现门窗被破坏的痕迹啊。秦雨遥也说那个门钥匙早就丢了，他不可能从那里进出。”

路建平**略一思忖**，说道：“门如果进不去，那窗户应该可以。”

尤勇齐摇摇头说：“我们也看到了，那里的窗户是全封闭没有把手的，根本推不开。而且窗玻璃也是完整的，没有任何被破坏的痕迹，嫌疑人怎么进去啊。”

路建平沉思片刻，微微点头：“玻璃确实不是被砸开的。”

尤勇齐听到他赞同自己的意见，不禁有些得意，大声地说：“对啊，我刚刚也从网上查了。玻璃是一种化学稳定性高、耐腐蚀能力很强的物质，除非硬砸硬敲，否则一般的东西没办法对玻璃起作用的。哪怕是硫酸、硝酸、盐酸之类的强酸也对其无可奈何。

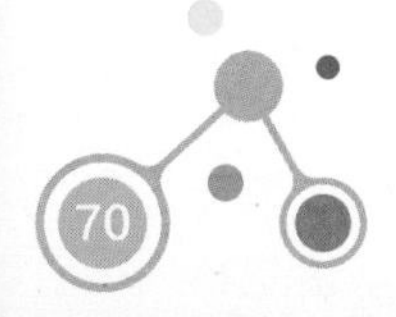

怎么样化学家，我现在对化学也很有研究了吧。”

尤勇齐得意洋洋，以为会得到路建平的赞许。谁知道路建平却突然沉默不语，低头沉思，良久，他突然抬起头来，喜形于色：“哈哈哈，我知道了，谢谢你勇哥！我现在就去找我爸爸确认一下，先下了。明天下午三点，我们在我家集合，一起去我爸爸的实验室，共同见证真相揭晓的时刻！”说罢路建平就急匆匆地下线了。

尤勇齐莫名其妙地对申筝奕说：“这家伙怎么回事啊？”

申筝奕似有所悟地叹了口气，语气中带有一丝羡慕地说道：“路建平应该是发现什么了，我们明天看他怎么说吧。”

第二天下午，他们在路建平家集合后赶去了路门捷的实验室。

路门捷早早地就在实验室等候他们的到来。他先带“考察团”参观了实验室，然后带他们来到通

风橱。

路门捷去换了实验服，只见他身着白大褂，戴着手套和口罩，开始在通风橱的台面上进行操作。路建平等人见到这样如临大敌的阵势，也不免有些紧张。

路门捷从一个塑料瓶中取出一些液体，滴在一块玻璃上。这个液体看上去没有什么颜色，但很快和玻璃发生激烈反应，大家隐约还能闻到一点点刺鼻的气味。过了一会儿，玻璃上出现了一个洞！

尤勇齐惊得目瞪口呆，问道："这是什么东西？这么厉害，居然能把玻璃都腐蚀了！"

路门捷告诉他们："你们刚刚看到的液体，叫氢氟酸，是一种酸，也是清澈、无色、发烟的腐蚀性液体，有刺激性气味。大多数酸都不能跟玻璃反应，但氢氟酸可以。氢氟酸可以与玻璃这样的硅化物发生化学反应生成氟化物，导致玻璃表面的腐蚀和破坏。"

路门捷继续说道："氢氟酸有强烈的刺激性气味，

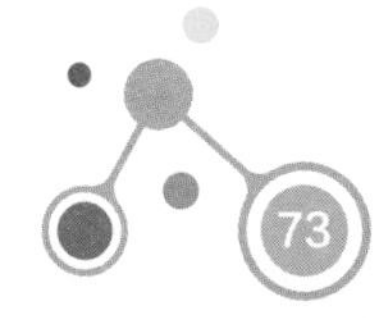

对人体有伤害，所以这个实验要在通风橱里进行。”

路建平激动地揭晓答案：“琬玉之前闻到的气味就是挥发的氢氟酸。小偷正是利用氢氟酸腐蚀玻璃，进入了半地下室。”

他清了清嗓子，继续说道：“现在我来回溯嫌疑人的整个作案过程。案发当晚，正当秦雨遥和琬玉在屋子里玩耍的时候，嫌疑人悄悄地来到这里，取出事先准备好的氢氟酸，倾倒在这个半地下室，也就是秦雨遥说的储藏室的其中一扇玻璃窗上，让氢氟酸与玻璃产生反应逐步腐蚀玻璃。这样做的话，不会产生声响引起别人的怀疑和注意。使用氢氟酸的过程会产生刺鼻的味道，这也就是琬玉出来时闻到的气味。不过那晚风很大，夜晚行人也很少，所以这样的气味也没有引起人们的注意。在成功腐蚀掉玻璃后，身材瘦小的嫌疑人从破损的窗户钻进储藏室里，又用事先放在储藏室里的玻璃替换掉被腐蚀的那块。”

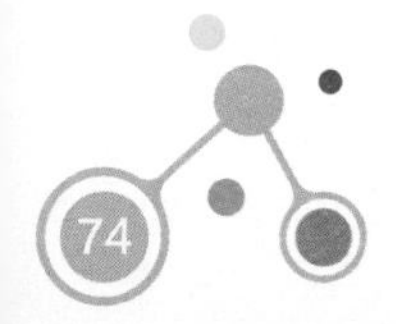

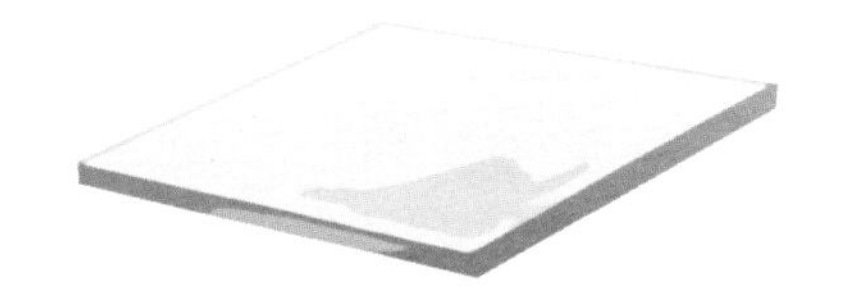

尤勇齐忍不住打断他：“等等，他怎么会事先在储藏室放了玻璃？”

路建平叹了口气，说道：“他蓄谋已久了。他很早就发现了这个储藏室，而且发现这个储藏室的门可以从里面打开走到外面去。所以他利用给秦家送蔬菜的机会，偷偷把玻璃带进来并把它藏在储藏室里。因为他知道，这个储藏室平时很少有人来，放一块玻璃根本不会引人注意。对于马尚法这个经常做玻璃维修工作的嫌疑人来说，破坏玻璃爬进来后清理玻璃残渣，然后安装一块新玻璃是轻而易举的事情。”

路建平接着说：“嫌疑人弄完这些后，耐心地等待时机。他等别墅里关了灯便偷偷地走了进来。因为熟悉环境，即使在黑暗中，他也顺利地摸到了

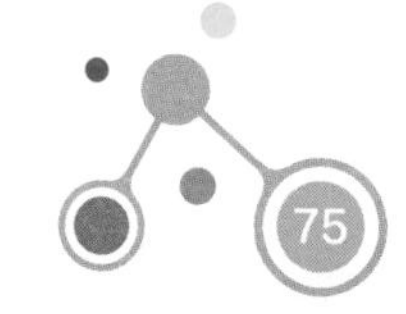

童阿姨的房间，用事先准备好的钥匙打开抽屉，取走首饰盒，然后再悄悄下楼，返回储藏室，打开门走了出去。”

众人一边听着，一边想象着那晚的场景，不由暗暗心惊。

路建平最后说：“我估计嫌疑人得手后为了避免被监控拍到暴露自己，并没有着急出去，而是在某个黑暗的角落躲了一夜，第二天早上才大摇大摆地走出去。因为他经常进出小区，并不会引人怀疑，首饰盒不大，他携带起来也不会引人注目。所以，他成功地把童阿姨的首饰偷了出去！”

答案似乎在此时已经揭晓，大家都十分激动，又一个案件告破了？

为了证实自己的推理，路建平带大家离开实验室，迅速赶往秦雨遥家的储藏室那里观察窗户，果然发现有一块玻璃是新安装上去的，不仔细看还看不出来。

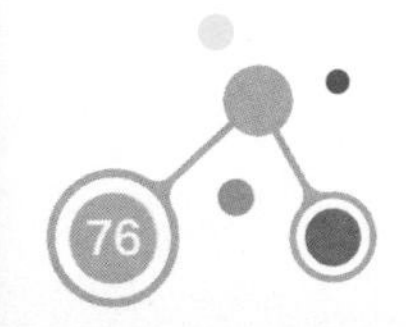

众人对路建平佩服得**五体投地**。申筝奕给孙阳打电话讲了这番推理，孙阳觉得整个推理**严丝合缝**，于是迅速提审了马尚法。马尚法还想抵赖，但警方又在他家附近搜到了未处理完的氢氰酸。他不得不如实交代了自己通过非法交易购买了氢氰酸，并经过精心谋划和准备，实施入室盗窃的罪行。最后，他还交代了埋藏首饰盒的地点，警方据此找回了童仁菁的首饰。

别墅区盗窃案就此告破。

童仁菁举办了一场丰盛的晚宴，感谢路建平他们，并邀请他们的父母一同参加。

席间，**立下大功**的路建平被大人们的赞美弄得很不好意思，便借故来到阳台透透气。

看着天上皎洁的月亮，他长长地舒了一口气。

一个声音怯生生地在他身后响起:“建平哥哥，我有个请求，不知道可不可以。”

路建平回头一看，发现是琬玉，于是微笑着说:“琬玉，有什么事就说，别客气。”

琬玉一脸崇拜地看着他:“建平哥哥，你实在太厉害了，我想拜你为师。”

路建平哈哈一笑，说道:“我可没有那么厉害，我自己要学的地方也很多。你也喜欢化学是吗？”

琬玉点点头:“化学实在太神奇了。我想跟着你好好学习。”

路建平微笑着说:“那以后我经常过来，带些化学科普书给你，咱们共同学习，共同成长好不好？”

琬玉兴奋地说:“太好了，你一定要说话算话！”

路建平肯定地点头:“那当然，君子一言，驷马难追，咱们一言为定！”

屋外月亮渐渐地升高，月光温柔地抚摸着

大地，照得一切都是那么明亮。

你了解玻璃吗？

玻璃的出现和发展与人类文明的进步密切相关。早在公元前3000年左右，人类就已经掌握了玻璃的制作方法，18世纪的工业革命让玻璃制造变得更加自动化和高效，大规模生产使得玻璃成为大众商品。经过数百年的发展，现代玻璃由于具有良好的透明性和化学稳定性，在生活中应用非常广泛。

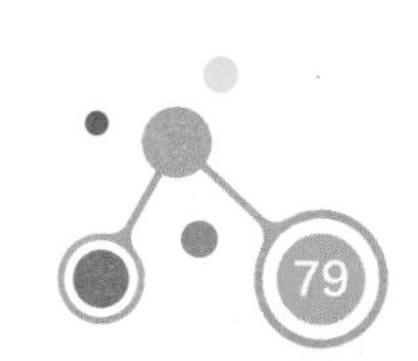

若干天后……

清晨，秦雨遥和琬玉坐在琬玉家门口的石桌旁。石桌上，摆满了装帧精美的崭新书籍。

“谢谢你，送我这么多书。”琬玉很开心。

秦雨遥满不在乎地说：“嗨，这算什么啊，你帮忙追回了首饰，我还没好好谢谢你呢。”

琬玉有些局促不安地说：“对不起，雨遥姐，其实他向我打听你家里情况时，我就应该告诉你。”

秦雨遥摇头说：“你那时也不知道他起了坏心思，不说也正常。”

琬玉接着说：“那天我经过马大哥家田地附近，看见他正在看田小屋里摆弄着什么。看到我后就一脸警惕。我们再过去就闻不到氢氰酸的味道，估计是他马上把它转走或者销毁了。唉，我原来觉得他是个老实人，可是他去外面学了点修门窗玻璃的手艺，心思也飘了。总说应该趁年轻挣大钱，自己叫马尚法，就可以‘马上发’了。”

秦雨遥轻蔑地一笑：“可是他一门心思都用在歪门邪道上，现在成了‘马上罚’了。”

解谜时刻

❶ **申筝奕为什么怀疑琬玉是小偷?**

琬玉有作案时间，也可以拿到抽屉钥匙。

❷ **路建平认为琬玉的作案动机是什么?**

因为贫穷可能会导致偷窃以满足生活需求。

❸ **琬玉的袋子里装的是秦雨遥妈妈的首饰盒吗?**

不是，是她捡的海枣。

❹ **琬玉从秦雨遥家出来以后，为什么过了很久才离开小区?**

她去捡被风吹落的海枣，花了很多时间。

❺ **警方为什么判断是熟人作案?**

因为作案时间短，作案目标明确，门窗无破坏痕迹。

❻ **孙阳为什么一口否定了刘锁匠是犯罪嫌疑人?**

因为刘锁匠有不在现场的证明，且有充分的人证物证。

图书在版编目（CIP）数据

化学侦探王．别墅迷案 / 吴殿更著．-- 长沙 : 湖南教育出版社，2023.11（2024.3 重印）
ISBN 978-7-5539-9875-6

Ⅰ．①化… Ⅱ．①吴… Ⅲ．①化学－青少年读物 Ⅳ．①06-49

中国国家版本馆 CIP 数据核字（2023）第 213337 号

化学侦探王·别墅迷案
HUAXUE ZHENTAN WANG·BIESHU MI'AN
吴殿更　著

总 策 划：石叶文化
策划组稿：胡旺　殷哲
出版统筹：朱微　谢觋颖
封面设计：曹柏光
特约编辑：卫世敏　杨帅
责任编辑：姚晟　周晔
责任校对：崔俊辉
出版发行：湖南教育出版社（长沙市韶山北路 443 号）
网　　址：www.hneph.com
微 信 号：湖南教育出版社
电子邮箱：hnjycbs@sina.com
客服电话：0731-85486979
经　　销：全国新华书店
印　　刷：唐山富达印务有限公司
开　　本：880 mm×1230 mm　32 开
印　　张：27.50
字　　数：400 000
版　　次：2023 年 11 月第 1 版
印　　次：2024 年 3 月第 2 次印刷
书　　号：ISBN 978-7-5539-9875-6
定　　价：198 元（全 10 册）

如有质量问题，影响阅读，请与承印厂联系调换。